BERICHTE ÜBER DIE VERHANDLUNGEN DER SÄCHSISCHEN AKADEMIE DER WISSENSCHAFTEN ZU LEIPZIG

Mathematisch-naturwissenschaftliche Klasse

Band 100 · Heft 3

ALFRED MÜLLER

DIE SCHAUBARKEIT IN DER AXONOMETRIE

1952

AKADEMIE-VERLAG · BERLIN

BERICHTE ÜBER DIE VERHANDLUNGEN DER SÄCHSISCHEN
AKADEMIE DER WISSENSCHAFTEN ZU LEIPZIG

Mathematisch-naturwissenschaftliche Klasse
Band 100 · Heft 3

ALFRED MÜLLER

DIE SCHAUBARKEIT IN DER AXONOMETRIE

1952

AKADEMIE-VERLAG · BERLIN

Vorgelegt durch Herrn Hölder in der Sitzung vom 10. 12. 1951
Manuskript eingeliefert am 22. 1. 1952
Druckfertig erklärt am 12. 6. 1952

Erschienen im Akademie-Verlag GmbH., Berlin NW 7, Schiffbauerdamm 19
Veröffentlicht unter der Lizenz Nr. 1217 des Amtes für Literatur und Verlagswesen
der Deutschen Demokratischen Republik
Satz und Druck der Druckerei „Thomas Müntzer“ Langensalza
Bestell- und Verlagsnummer: 2027/100/3
Preis: DM 3,—
Printed in Germany

Die darstellende Geometrie hat die Aufgabe, von räumlichen Gegenständen Bilder herzustellen. Aus naheliegenden Gründen ist die Herstellung von Bildern in einer Ebene die Hauptaufgabe. Die Gesetze für die Herstellung solcher Bilder dürften wohl restlos geklärt sein[1]).

Eine weitere Frage der darstellenden Geometrie ist es, welcher Art die entstehenden Bilder sein können. Für die Parallelprojektion hat hier der Pohlkesche Satz volle Klarheit geschaffen. Nach diesem Fundamentalsatz der Axonometrie können drei beliebig große Strecken, die in irgendwelchen Richtungen von einem Punkte ausgehen, das durch Parallelprojektion entstandene Bild dreier Würfelkanten, die von einer Ecke ausgehen, sein.

Die Mannigfaltigkeit der entstehenden Bilder führt zur Unterscheidung von verzerrten und schaubaren Bildern.

Die verzerrten Bilder, sogar von ebenen Gegenständen, haben Bedeutung, z. B. in der Nomographie, wenn es darauf ankommt, bei Funktionsleitern besser ablesbare metrische Werte zu erhalten.

Im allgemeinen muß aber auf gut schaubare Bilder Wert gelegt werden. Es entsteht die Frage, was als Ideal der

---

[1]) Vgl. Pelz, Zur wissenschaftlichen Behandlung der orthogonalen Axonometrie I, II, III, Sitzungsberichte der mathematisch-naturwissenschaftlichen Klasse der Akademie der Wissenschaften, Wien 1880, 1881, 1884; Tesař, Der orthogonal-axonometrische Verkürzungskreis, ebenda, Wien 1880; Schüssler, Orthogonale Axonometrie, Leipzig und Berlin 1905; Scheffers, Lehrbuch der darstellenden Geometrie I, II, Berlin 1922, 1920; Salkowski, Gerhard Hessenbergs Vorlesungen über darstellende Geometrie, Leipzig 1929; Graf, Darstellende Geometrie, Leipzig 1944.

Schaubarkeit anzusehen ist. Dazu sind mehrere Gesichtspunkte zu beachten.

Zur Erzielung guter Schaubarkeit kommt es bereits an auf

A 1) die Lage des räumlichen Gegenstandes im Raume,

A 2) die Lage der Bildebene im Verhältnis zum Gegenstand und

A 3) die Lage des Projektionszentrums, des Auges, im Verhältnis zu Gegenstand und Bildebene.

Zu A 1)

Jeder räumliche Gegenstand hat drei Ausdehnungen. Sie seien einfach mit Höhe, Breite und Tiefe bezeichnet. Gute Schaubarkeit verlangt, daß man leicht zwischen Höhe, Breite und Tiefe unterscheiden kann. Man wird deshalb eine Lage des Gegenstandes im Raum bevorzugen, bei der Höhen senkrechte Richtung haben. Die Breiten wird man waagerecht von rechts nach links oder umgekehrt verlaufen lassen. Die Tiefen dagegen wird man von vorn nach hinten richten. Sollen Breiten und Tiefen gleich gut schaubar sein, so wird man oft Abweichungen von den so vorgesehenen Richtungen zulassen müssen. Dabei wird man aber dafür sorgen müssen, daß diese Abweichungen nicht allzu groß werden, damit noch gut zwischen Breite und Tiefe unterschieden werden kann.

Zu A 2)

Die ideale Lage der Bildebene ist zweifellos die senkrechte.

Zu A 3)

Das Projektionszentrum oder das Auge wird man so wählen, daß es, bezogen auf die Bildebene, dem Gegenstand möglichst genau gegenübersteht. Wenn neben den Seitenflächen des Gegenstands auch die oberen Flächen gut schaubar sein sollen, wird man genötigt sein, das Projektionszentrum etwas nach oben zu verlegen.

Diese einfachen Forderungen für die Lage von Gegenstand, Bildebene und Projektionszentrum gewährleisten allein noch nicht gute Schaubarkeit. Sie sind im vorstehenden bereits erörtert mit Rücksicht auf einen Gesichtspunkt der Schaubarkeit an sich. Es war dies die naheliegende Forderung

B 1) Höhe, Breite und Tiefe des Gegenstandes müssen sich im Bilde gut unterscheiden lassen.

So naheliegend diese Forderung erscheint, sie kann gegenüber anderen Gesichtspunkten der Schaubarkeit an sich zurücktreten müssen. Will man eine Kugel in der Weise abbilden, daß zwischen Höhe, Breite und Tiefe möglichst gut unterschieden werden kann, so wird sich für den Kugelumriß im Bilde eine Ellipse ergeben. Das kann sehr störend sein, weil man gewöhnt ist, beim direkten Blick auf eine Kugel den Umriß als Kreis zu sehen. Daher ergibt sich für die Schaubarkeit an sich als gegensätzliche Forderung

B 2 1) Der Umriß einer Kugel soll sich als Kreis abbilden.

Zu dieser Forderung wird meist noch die ergänzende Forderung erhoben

B 2 2) Die Kreise in waagerechten Ebenen sollen sich als Ellipsen mit waagerechten großen Achsen abbilden.

Aus der Zentralprojektion ist man gewohnt, Kreise in waagerechten Ebenen als Ellipsen mit waagerechten großen Achsen zu sehen. Jede der beiden letzten Forderungen steht aber im Gegensatz zur Forderung B 1, bei der es vor allem auf gut schaubare Unterscheidung zwischen Höhe, Breite und Tiefe ankommt.

Schließlich ist für die Schaubarkeit die Art der Projektion von Bedeutung. Es kann gefordert werden

C 1) Zentralprojektion,

C 2) Parallelprojektion (Axonometrie),

C 2 1) schräge Parallelprojektion,

C 2 2) senkrechte Parallelprojektion,

wobei die Axonometrie noch unterschieden werden kann nach Isometrie, Dimetrie und Trimetrie.

Zu C 1)

Die Zentralprojektion liefert im allgemeinen das Ideal an Schaubarkeit, da das Auge immer Projektionszentrum ist. Die gegenseitige Lage von Gegenstand, Bildebene und Projektionszentrum braucht dabei nur den praktischen Bedürfnissen zu entsprechen. Aber das zentralperspektivische Bild kann nicht einfach gezeichnet werden. Außerdem kann gegenüber der gewissermaßen natürlichen Schaubarkeit eine Abart davon erwünscht sein.

Zu C 2)

Die Parallelprojektion bietet eine solche Abart der Schaubarkeit, die für die Zwecke der Technik vorgezogen werden kann. Infolge der Affinität zwischen Gegenstand und Bild bei der Parallelprojektion bilden sich parallele Gerade stets als parallele Gerade ab, und es bleibt auch das Teilungsverhältnis einer Strecke und das Verhältnis paralleler Strecken erhalten. Da auf Grund dieser Invarianten bei der Parallelprojektion Maße und Richtungen aus dem Bilde besonders leicht zu entnehmen sind, werden die Anforderungen, die die Technik an eine gut schaubare Abbildung stellt, besonders gut erfüllt. Bei der Parallelprojektion ist anzunehmen, daß das Auge sich im Unendlichen befindet, so daß die Sehstrahlen parallel werden. Eine Parallelprojektion, bei der das Auge sich in endlicher Entfernung von der Bildebene befindet, gibt es nicht. Hieraus ist zu erkennen, daß die Forderungen nach einer bestimmten Projektionsart von den Forderungen für die Lage von Gegenstand, Bildebene und Projektionszentrum nicht unabhängig sind. Das gilt insbesondere auch für die Fälle der Isometrie und der Dimetrie.

Da die für gute Schaubarkeit zu stellenden Forderungen überhaupt voneinander nicht unabhängig sind, sich sogar teilweise widerstreiten, kann sich in der darstellenden Geometrie ein einheitliches Ideal der Schaubarkeit niemals vollständig erreichen lassen.

Für die Schaubarkeit im malerisch-künstlerischen Sinne kann nur die Zentralprojektion in Frage kommen. Daher rührt die Bedeutung dieser Projektion in der Malerei und in der Baukunst. Besonders malerische oder groteske Wirkungen wird man dabei erreichen sogar im Gegensatz zu einfacher Schaubarkeit.

Für die Schaubarkeit im technischen Sinne wird stets Parallelprojektion vorgezogen werden müssen. Aber auch hierbei gibt es kein einheitliches Ideal für die Schaubarkeit.

a) Soll der Unterschied räumlicher Gebilde nach Höhe, Breite und Tiefe möglichst hervortreten (Forderung B 1), so wird die schräge Parallelprojektion, die schiefe Axonometrie, angewendet werden müssen (Forderung C 2 1). Dabei kann die einfachste Lage des Gegenstandes im Raum gewählt werden (Forderung A 1). Die Höhen können senkrecht im Raum stehen und die Breiten können genau waagerecht von rechts nach links oder umgekehrt liegen, so daß die Tiefen genau von vorn nach hinten gerichtet sind. Die Bildebene kann senkrecht im Raum stehen und nicht nur zu den Höhen, sondern auch zu den Breiten parallel verlaufen (Forderung A 2). Für Höhen und Breiten ergibt sich dabei der gleiche Maßstab. Die Höhen erscheinen auch im Bilde senkrecht und die Breiten waagerecht. Figuren des Gegenstandes in den Flächen parallel zur Bildebene erscheinen als kongruente Figuren. Eine unmittelbare Gegenüberstellung von Gegenstand und Projektionszentrum in bezug auf die Bildebene ist bei schräger Parallelprojektion natürlich nicht möglich. Der Kugelumriß wird nicht als Kreis erscheinen. Die Kreise in waagerechten Ebenen des Gegenstandes können sich nicht als Ellipsen mit waagerechter großer Achse abbilden.

Das entstehende Bild wird gewöhnlich einfach als „Schrägbild“ bezeichnet. Die Richtung der Tiefen kann verschieden angenommen werden, auch das Verkürzungsverhältnis der Tiefen im Gegensatz zu Höhen und Breiten. Mit Rücksicht auf gute Schaubarkeit möchten die Tiefen nicht im gleichen Verhältnis wie Höhen und Breiten verkürzt erscheinen, sondern stärker als diese verkürzt werden. Die Möglichkeit, die Richtung der Tiefen verschieden zu wählen, erscheint notwendig, da jeder Wahl eine Schar paralleler Ebenen entspricht, die im Bilde als Geradenschar erscheint, so daß die Figuren in diesen Ebenen bei der Abbildung verschwinden. Die Tiefenrichtung gegenüber der waagerechten Breite im Winkel von 45° anzunehmen, kann der Vereinfachung dienen. Da dann aber der Winkel gegenüber den Höhen gleichfalls 45° beträgt, ist der Schaubarkeit des Unterschiedes von Höhen, Breiten und Tiefen nicht besonders gedient. Der Winkel zwischen der Tiefenrichtung und den waagerechten Breiten wird besser kleiner als 45° gewählt.

Das DIN-Blatt 5 in der ersten Ausgabe vom April 1929 sah ein solches Schrägbild vor für „ebenflächig begrenzte Körper oder für Körper, bei denen die zu zeichnenden Kreise in Ebenen parallel zur Bildfläche liegen“. Dabei war die Richtung der Tiefen gegenüber den Waagerechten mit 45° und das Verkürzungsverhältnis für Höhe, Breite und Tiefe mit 1 : 1 : 0,5 vorgeschrieben. Die genaue Vorschrift nur einer Tiefenrichtung und nur eines Verkürzungsverhältnisses erscheint mir eine zu starke Beschränkung. Dabei ist die Wahl des Winkels von 45° nicht einmal besonders vorteilhaft für eine leicht schaubare Unterscheidung zwischen Höhen, Breiten und Tiefen.

Die neue Ausgabe des DIN-Blattes 5 vom Oktober 1948 hat bedauerlicherweise die schiefe Parallelprojektion überhaupt beseitigt und durch senkrechte Parallelprojektion ersetzt, und zwar durch die Isometrie für die Fälle, bei denen „in allen drei Ansichten Wesentliches gezeigt werden soll“. Es erscheinen hierbei alle drei Richtungen, die Höhe, Breite und Tiefe, in durchaus gleichberechtigter Weise. Aber die Gleichbehandlung von Höhe, Breite und Tiefe führt doch zu so speziellen Bildern, daß infolge der entstehenden Symmetrie die Unterschiede zwischen Höhe, Breite und Tiefe nur in sehr ungenügender Weise schaubar sind. Wenn bei der Isometrie der Umriß des Würfels als regelmäßiges Sechseck erscheint, so ist das kein Gewinn für die Schaubarkeit. Die Schaubarkeit nach Höhe, Breite und Tiefe ist entschieden größer, wenn das Auge Höhe und Breite parallel zu einer senkrechten Bildebene annehmen kann.

b) Wird gute Schaubarkeit in dem Sinne gefordert, daß der Kugelumriß als Kreis erscheinen soll (Forderung B 2 1) und daß Kreise in waagerechten Ebenen des Gegenstands als Ellipsen mit waagerechter großer Achse im Bild dargestellt werden (Forderung B 2 2), so ist senkrechte Parallelprojektion, orthogonale Axonometrie, anzuwenden (Forderung C 2 2). Die beiden ersten Forderungen entsprechen den einfachsten Verhältnissen bei der Zentralperspektive. Die Kugel braucht in bezug auf die Bildebene dem Auge nur unmittelbar gegenüber zu stehen, dann erscheint der Kugelumriß als Kreis und alle waagerechten Ebenen schneiden die Kugel in Kreisen, die sich als Ellipsen mit waagerechter großer Achse abbilden. Es ist infolge der aufgestellten Forderungen hier eine Schaubarkeit erreicht, die dem malerisch-künstlerischen Ideal sehr nahe kommt. Die für die Schaubarkeit aufgestellten Forderungen werden nun freilich bei orthogonaler Axonometrie nicht ohne weiteres erfüllt. Stellt man in bezug auf die Bildebene Kugel und Auge unmittelbar gegenüber, so erscheint zwar der Kugelumriß als Kreis, aber die in waagerechten Ebenen liegenden Kugelkreise erscheinen sämtlich als Strecken. Da die Ebenen der Kugelkreise ebenso wie die Projektionsstrahlen auf der Bildebene senkrecht stehen, ergibt sich nur ein „Aufriß“. Sollen die Kugelkreise in den waagerechten Ebenen als Ellipsen mit waagerechter großer Achse erscheinen, so müssen die waagerechten Ebenen nach der Bildebene zu etwas heruntergekippt werden, oder es muß die zu den waagerechten Ebenen senkrechte Kugelachse oben etwas nach der Bildebene hingeneigt werden. Will man die Kugel als Gegenstand in ihrer Lage im Raum unverändert lassen, so muß die Bildebene mit ihrer oberen Hälfte etwas nach dem Gegenstand hin geneigt werden, und es müssen die auf der Bildebene senkrechten Projektionsstrahlen eine Neigung im entsprechenden Sinne erfahren. Die Forderungen A können hier also nicht in einfacher Weise erfüllt werden. Es tritt in diesen Lageverhältnissen unvermeidbar eine gewisse Komplikation ein. In der darstellenden Geometrie ist das Auffassen von Bildern eine Frage mehr oder weniger großer Übung. Der Geübte kann versuchen, bei der hier vorliegenden orthogonalen Axonometrie sich immer der Tatsache bewußt zu bleiben, daß der Gegenstand mit seinem oberen Teil etwas gegen die Bildebene hin geneigt ist oder daß die Bildebene mit ihrer oberen Hälfte etwas gegen den Gegenstand geneigt ist. Ich möchte bezweifeln, daß es dem Geübten immer gelingt, sich dieser Umstände bewußt zu bleiben. Der Ungeübte, dem ja gerade mit dieser Art der Projektion durch kreisförmige Kugelumrisse und Ellipsen mit waagerechter großer Achse durch bessere Schaubarkeit entgegengekommen werden soll, wird die Senkrechten im Bild gewöhnlich als Senkrechte am Gegenstand auffassen, er wird die Ellipse mit waagerechter großer Achse immer als Bilder von Kreisen in waagerechten Ebenen betrachten und sich dabei doch eine senkrechte Bildebene vorstellen. Diese Komplikationen in den Lageverhältnissen zwischen Gegenstand und Bildebene hier immer wieder ausführlich zu behandeln, würde die Darstellung im folgenden sehr erschweren. Es sei von jetzt ab auf diese Erschwerungen einfach dadurch hingewiesen, daß die Worte „senkrecht“ und „waagerecht“ gegebenenfalls in Anführungsstriche gesetzt werden. Dann kann die Bildebene immer als senkrecht angenommen werden. Die Richtung der Projektionsstrahlen senkrecht zur Bildebene entspricht den einfachsten Anforderungen.

Auf DIN-Blatt 5 ist eine Projektion vorgeschrieben, die den hier gestellten Forderungen an die Anschaulichkeit entspricht. Dieser Fall gilt nach der Ausgabe von April 1928 „für Körper, an denen Drehteile und Bohrungen in verschiedener Lage vorkommen“, und nach der Ausgabe vom Oktober 1948 „für Darstellungen, bei denen in der Hauptansicht (früher Vorderansicht) Wesentliches gezeigt werden soll“. Der für die Normung herausgegriffene Fall ist einer von sehr vielen, wie später gezeigt wird. Er ist außerdem ein Sonderfall der dimetrischen Axonometrie. Es haben bei ihm Höhe und Breite dasselbe Maß; die Tiefe hat im Verhältnis dazu das halbe Maß. Das Abnehmen der Maße aus dem Bild ist damit sehr vereinfacht. Das für Höhen, Breiten und Tiefen erreichte Verhältnis 1 : 1 : 0,5 ist abhängig von den Richtungen für Breiten und Tiefen im Verhältnis zu den Waagerechten im Bilde. Die Gleichbehandlung von Höhen und Breiten kann jedoch nicht bedenkenlos hingenommen werden. Im Schrägbild ist diese Gleichbehandlung ohne weiteres verständlich, da Höhen und Breiten parallel zur Bildebene gedacht werden können. Infolgedessen erscheint im Schrägbild die Breite in der Bildebene waagerecht neben der senkrechten Höhe. Bei der genormten Dimetrie widerspricht aber offenbar die Gleichbehandlung von Höhe und Breite der Schaubarkeit. Der weniger geübte, unbefangene Beschauer wird sich kaum darüber klar sein, daß hier tatsächlich Höhen und Breiten gegen die Bildebene unter demselben Winkel geneigt sind. Es wird angenommen werden, daß die Senkrechten im Bild auch am Gegenstand senkrecht sind und damit parallel zu einer senkrechten Bildebene. Den Höhen wird daher ohne weiteres die geringste

Verkürzung zugebilligt werden. Die gleichgeringe Verkürzung der Breiten muß dann aber stören, besonders weil die Breiten in der Bildebene nicht waagerecht verlaufen. Man wird für eine Verbesserung der Schaubarkeit verlangen müssen, daß die Breiten etwas stärker verkürzt sind als die Höhen, wenn auch nicht so stark wie die Tiefen. Nur ein solches Verkürzungsverhältnis ist man ja aus der Zentralperspektive gewohnt. In der Zentralperspektive ist es vollkommen unmöglich, daß die Breiten ebenso groß erscheinen wie die Höhen, wenn die Breiten neben den senkrechten Höhen nicht waagerecht in der Bildebene liegen.

Hat man die Schaubarkeit in der vorstehend dargelegten Weise untersucht, so ist es notwendig, die allgemeinen Bedingungen zu ermitteln für die Abbildung der Kreise in „waagerechten" Ebenen als Ellipsen mit waagerechter großer Achse. Diese Ermittelung soll im folgenden in eingehender Weise vorgenommen werden. Es soll ermittelt werden, welche Längenverhältnisse für Höhe, Breite und Tiefe vorgeschrieben werden können und welche axonometrischen Bedingungen für die verschiedenen möglichen Verhältnisse das Bild erfüllen muß.

Es sei ausgegangen von einem räumlichen rechtwinkligen Achsenkreuz. Auf ihm seien die drei in einer Ecke zusammenstoßenden Würfelkanten vom Ursprung O aus abgetragen, und zwar die Breite OA vom Ursprung aus nach links, die Tiefe OB vom Ursprung aus nach hinten und die Höhe OC vom Ursprung aus nach oben. Um den Ursprung O sei durch die Endpunkte der drei Würfelkanten A, B und C die Kugel gelegt. Durch je zwei der drei Würfelkanten sind dann Ebenen bestimmt, die die Kugel in Großkreisen schneiden. Zur deutlichen Veranschaulichung von Höhen, Breiten und Tiefen werden die hier erörterten Zusammenhänge im Schrägbild der Abbildung 1 dargestellt. Die Ebene durch die beiden Achsen für Höhe und Breite sei als Bildebene betrachtet. Die Richtung der darzustellenden Projektionsstrahlen stehe auf dieser Ebene senkrecht, sei also die Richtung der Achse für die Tiefe. Bei dieser Projektion, dieser orthogonalen Axonometrie, erscheint als Bild der Kugel der Großkreis, der in der Bildebene liegt. Es seien die drei Würfelkanten der Ausgangslage so gedreht, daß die Kugelkreise in „waagerechten“ Ebenen im Bilde zu Ellipsen werden, deren große Achsen waagerecht liegen. Dabei seien zunächst die Verhältnisse des Sonderfalles, der im Din-Blatt 5 behandelt ist, dargestellt und von ihm ausgehend die allgemeinen Bedingungen ermittelt.

Dreht man die drei Würfelkanten aus der Ausgangslage heraus um die Höhenachse OC, und zwar um den Winkel δ ($= 20{,}71°$; die Berechnung der Zahlenwerte wird später dargelegt) in der Weise, daß der Punkt A nach hinten in den Punkt A' übergeht und der Punkt B nach rechts in den Punkt B', so erhält man eine Übergangslage der drei Würfelkanten. Dreht man weiter diese Übergangslage der drei Würfelkanten um die Breitenachse OA der Ausgangslage, und zwar um den Winkel γ ($= 19{,}47°$) in der Weise, daß der Punkt C nach vorn in den Punkt C'' übergeht, so erhält man die abzubildenden drei Würfelkanten in der besonderen Lage der genormten dimetrischen Projektion. Bei der letzten Drehung bewegen sich die Punkte A' und B' der Übergangslage auf Kugelkreisen, deren Ebenen auf der ursprünglichen Breitenachse senkrecht stehen. Die Mittelpunkte A_0 und B_0 dieser Kreise liegen auf der ursprünglichen Breitenachse. Die neue Lage der Punkte A und B oder der Punkte A' und B' sei dann A'' und B''. Die Winkel $A'\ A_0\ A''$ und $B'\ B_0\ B''$ sind gleich γ. Die senkrechte Parallelprojektion der Punkte A'', B'' und C'' auf die Bildebene, die durch die ursprüngliche Breitenachse und Höhenachse bestimmt ist, liefert das gesuchte Bild mit den Punkten O, $\mathfrak{A}$, $\mathfrak{B}$ und $\mathfrak{C}$. Der Winkel $\mathfrak{A}OA$ sei dann α ($= 7{,}18°$); der Winkel $\mathfrak{B}OB_0$ sei β ($= 41{,}41°$). Die Länge der Strecke $O\mathfrak{C}$ sei p, die von $O\mathfrak{A}$ sei q und die von $O\mathfrak{B}$ sei r. Es soll sich dann ergeben

$$p : q : r = 1 : 1 : 0{,}5.$$

Da es sich bei dieser Projektion um orthogonale Axonometrie handelt, wird der Umriß einer jeden Kugel ein Kreis. Welche Bedingungen müssen im einzelnen erfüllt sein, wenn Kugelkreise in „waagerechten" Ebenen sich als Ellipsen mit waagerechter großer Achse abbilden sollen? Es sei der waagerechte Großkreis der Kugel durch A und B ins Auge gefaßt. Bei der Drehung der drei Würfelkanten um OC bewegt sich der betrachtete Großkreis nur in sich selbst. Bei der Drehung um OA wird dieser Großkreis zu einem Kreis in „waagerechter" Ebene, bei dem der zum Radius OA senkrechte Radius OB in den Radius OB_1 übergeht, und zwar so, daß Winkel BOB_1 gleich dem Winkel COC'' wird. Projiziert man diesen Großkreis durch A und B_1 senkrecht in die Bildebene durch ursprüngliche Höhen- und Breitenachse, so wird das Bild des Großkreises die Ellipse, deren kleine Halbachse $OB_2 = C''\mathfrak{C}$ ist und deren große Halbachse unverändert OA bleibt, also im Bilde waagerecht liegt. In dieser Ellipse müssen nach der Affinität zwischen Gegenstand und Bild bei jeder Parallelprojektion die Strecken $O\mathfrak{A}$ und $O\mathfrak{B}$ unbedingt konjugierte Halbmesser sein. Auf Grund dieser Feststellungen lassen sich die erforderlichen Bedingungen für α, β, γ und δ einerseits und für p, q und r andererseits berechnen, die zur Abbildung der Kreise in „waagerechten" Ebenen als Ellipsen mit waagerechter großer Achse führen.

Für die verschiedenen Verhältnisse $p : q : r$ seien zunächst die erforderlichen Werte für α und β gesucht. Im Hinblick auf gute Schaubarkeit kann verlangt werden

$$p = 1; \qquad q \leq 1; \qquad r \leq q.$$

Damit wird die Allgemeinheit der Untersuchung nicht eingeschränkt.

Die analytische Geometrie liefert in einer Ellipse mit den Halbmessern a und b für zwei konjugierte Halbmesser a_1 und b_1 und für deren Winkel α und β gegen die große Achse die Beziehungen

$$a_1^2 + b_1^2 = a^2 + b^2; \tag{1}$$

$$\mathrm{tg}^2\,\alpha = \frac{b^2\,(a^2 - a_1^2)}{a^2\,(a_1^2 - b^2)}\;; \tag{2}$$

$$\mathrm{tg}^2\,\beta = \frac{b^2\,(a^2 - b_1^2)}{a^2\,(b_1^2 - b^2)}\,. \tag{3}$$

Es seien gesetzt $OA = a$; $OB_2 = b$; $p = 1$; $a_1 = q$ und $b_1 = r$. Dann folgt aus dem rechtwinkligen Dreieck $\mathfrak{C}OC''$

$$1 = a^2 - b^2$$

und aus Gleichung (1)

$$q^2 + r^2 = a^2 + b^2.$$

Aus diesen beiden Gleichungen ergibt sich

$$q^2 + r^2 + 1 = 2\,a^2;$$

$$q^2 + r^2 - 1 = 2\,b^2\,.$$

Mit Hilfe dieser Beziehungen ergeben die Gleichungen (2) und (3)

$$\mathrm{tg}^2\,\alpha = \frac{2b^2\,(2a^2 - 2a_1^2)}{2a^2\,(2a_1^2 - 2b^2)} = \frac{r^4 - (1 - q^2)^2}{(1 + q^2)\,2 - r^4}\;; \tag{4}$$

$$\mathrm{tg}^2\,\beta = \frac{2b^2\,(2a^2 - 2b_1^2)}{2a^2\,(2b_1^2 - 2b^2)} = \frac{2r^2 - [r^4 + (1 - q^4)]}{2r^2 + [r^4 - (1 - q^4)]}\,. \tag{5}$$

Nach diesen Gleichungen (3) und (4) können zu jedem Verhältnis $1 : q : r$ bei $p = 1$ die zugehörigen Werte für α und β berechnet werden. Zu jedem Längenverhältnis gehört ein bestimmtes Wertepaar α und β. Für eine ganze Anzahl Längenverhältnisse ergeben sich überhaupt keine brauchbaren Wertepaare. Die Ergebnisse der Rechnung nach den beiden Gleichungen sind in der Tabelle 1 angegeben. Sie sind außerdem im Nomogramm 1 dargestellt. In diesem Nomogramm sind nur die Werte für sehr kleine α und β weggelassen, da sie praktisch ohne Bedeutung sind. Die ausgezogenen Kurven des Nomogramms betreffen gleiche q, die gestrichelten gleiche r. Es ergeben sich sehr viele Fälle, in denen erreicht werden kann, daß sich Kreise in „waagerechten" Ebenen als Ellipsen mit waagerechter großer Achse abbilden. Zu jedem Längenverhältnis $1 : q : r$ bei $p = 1$ können aus dem Nomogramm die zugehörigen Werte von α und β abgelesen werden. Der Fall $p = q = r = 1$ ist die Isometrie. Dabei ist $\alpha = \beta = 30°$. Der besondere Fall der genormten Dimetrie ergibt sich für $p : q : r = 1 : 1 : 0{,}5$. Bei ihm ergeben sich die bei Erläuterung der Abbildung 1 mitgeteilten Zahlenwerte für α und β. Dieser Fall liegt auf der oberen Randkurve, die zu einer Geraden geworden ist und alle die Fälle der Dimetrie enthält, für die $p = q = 1$ ist. Die untere Randkurve ist gleichfalls zu einer Geraden geworden und enthält alle Fälle der Dimetrie, für die $q = r$ ist. Dazwischen liegen alle möglichen Fälle der Trimetrie. Unter allen diesen Fällen kann der jeweils geeignete ausgesucht werden. Der darzustellende Gegenstand kann Abweichungen von dem genormten Fall erforderlich machen, wenn bei Anwendung der Normung wesentliche Stücke des Gegenstands zufällig zusammenfallen und damit die Schaubarkeit empfindlich stören. Im Streben nach guter Schaubarkeit kann, wie bereits dargelegt, sehr erwünscht sein, die Breiten gegenüber den Höhen etwas zu verkürzen. So dürfte z. B. der Fall $p : q : r = 1 : 0{,}9 : 0{,}5$ hinsichtlich der Schaubarkeit besonders befriedigen, für den $\alpha = 5{,}18°$ und $\beta = 17{,}82°$ zu setzen ist.

Zur Erzielung möglichst guter Schaubarkeit kann es aber andererseits auch sehr erwünscht sein, die Abweichungen der zu projizierenden Würfelkanten für Höhe, Breite und Tiefe von den Würfelkanten der Ausgangslage in Abb. 1 so gering wie möglich zu machen. Diese Abweichungen werden erfaßt durch die Winkel γ und δ. Eine Verkleinerung des Winkels γ erscheint besonders wünschenswert, da der Winkel γ vom Beschauer sehr oft als Null angenommen wird. Zur Beurteilung dieser Verhältnisse ist es erforderlich, nach den verschiedenen Verhältnissen $p : q : r$ die zugehörigen Wertepaare der Winkel γ und δ zu berechnen.

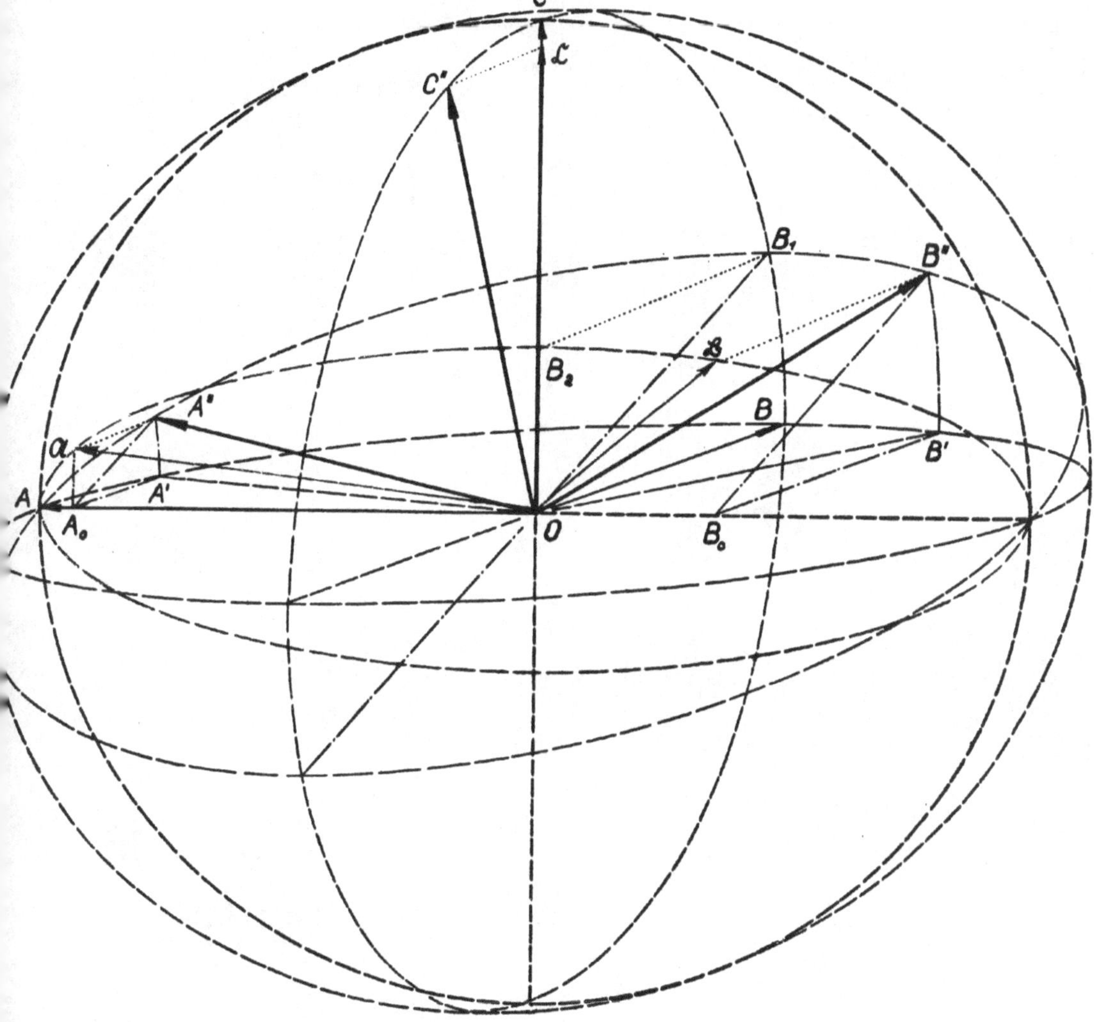

Abbildung 1

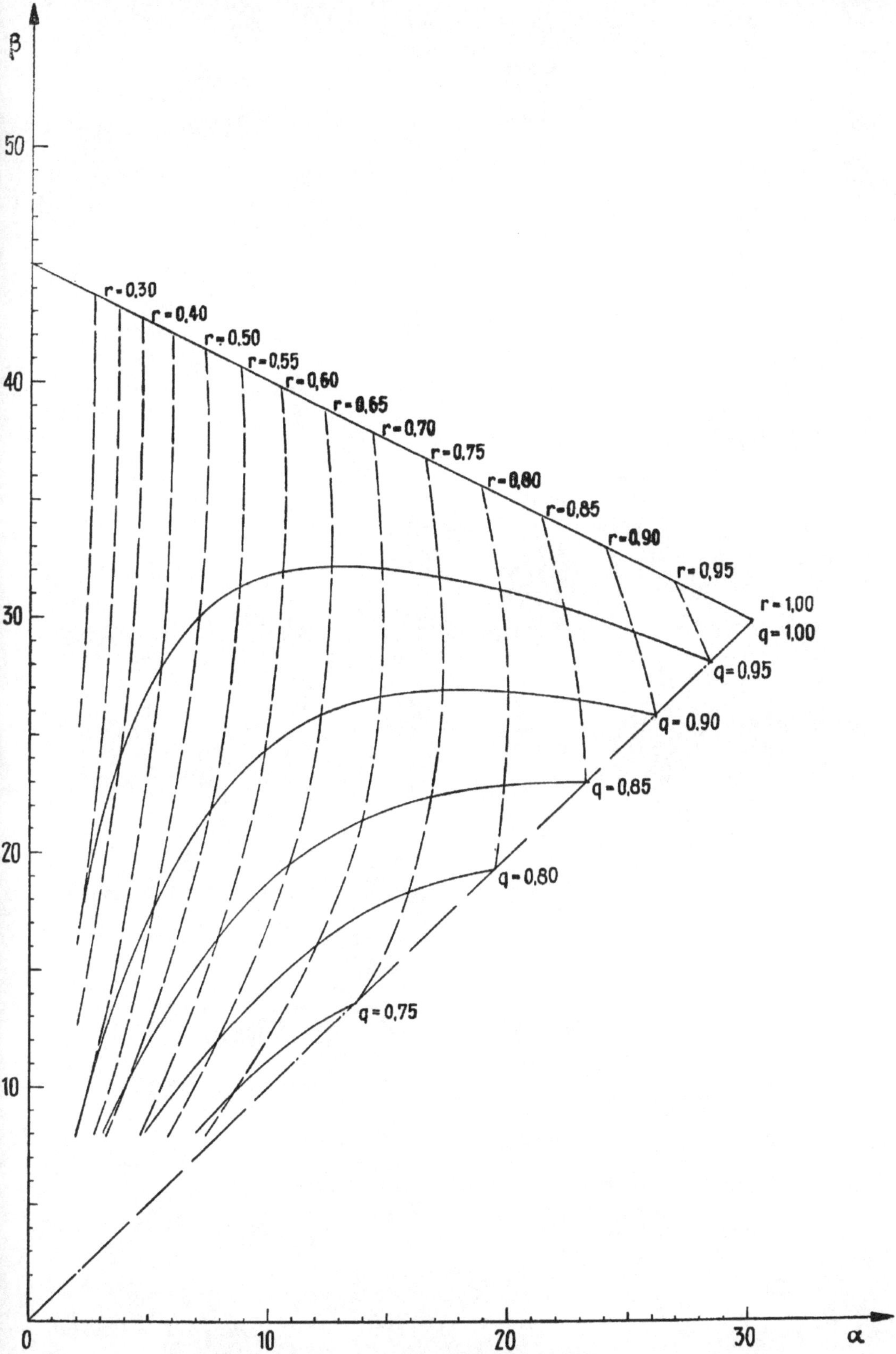

Nomogramm 1 zur Bestimmung von α und β

Nach der Abbildung 1 ist

$$\operatorname{tg} \gamma = \frac{C''\mathfrak{C}}{O\mathfrak{C}} .$$

Hieraus ergibt sich bei

$$O\mathfrak{C} = p = 1 \quad \text{und} \quad q^2 + r^2 - 1 = 2b^2 = 2\,(C''\mathfrak{C})^2$$

die Gleichung

$$\operatorname{tg}^2 \gamma = \frac{1}{2}\,(q^2 + r^2 - 1). \tag{6}$$

Andererseits ersieht man aus Abbildung 1

$$O\mathfrak{A} \cdot \cos \alpha = OA_0$$

und

$$OA' \cdot \cos \delta = OA_0 ,$$

so daß ist

$$\cos \delta = \frac{OA_0}{OA'} = \frac{O\mathfrak{A} \cdot \cos \alpha}{OA'} .$$

Quadriert man diese Gleichung, so ist

$$\cos^2 \delta = \frac{(O\mathfrak{A})^2 \cdot \cos^2 \alpha}{(OA')^2} .$$

Dann ist zu beachten, daß ist

$$O\mathfrak{A} = q; \quad (OA')^2 = a^2 = \frac{1}{2}(q^2 + r^2 + 1)$$

und unter Berücksichtigung von Gleichung (4)

$$\cos^2 \alpha = \frac{1}{1 + \operatorname{tg}^2 \alpha} = \frac{(1 + q^2)^2 - r^4}{4\,q^2} .$$

Dabei wird schließlich

$$\cos^2 \delta = \frac{1}{2}\,(q^2 - r^2 + 1) . \tag{7}$$

Nach diesen Gleichungen (6) und (7) kann bei $p = 1$ zu jedem Verhältnis $1 : q : r$ das zugehörige Wertepaar γ und δ berechnet werden. Die Ergebnisse der Berechnung sind in Tabelle 2 angeführt. Sie sind außerdem in Nomogramm 2 dargestellt. In ihm betreffen die ausgezogenen Kurven gleiche q, die gestrichelten gleiche r. Bei sehr verschiedener Wahl von γ und δ kann erreicht werden, daß sich Kreise in

Tabelle 1

Wert von α in Winkelgrad

$r =$	$q = 1{,}00$	0,95	0,90	0,85	0,80	0,75
1,00	30,00					
0,95	26,82	28,18				
0,90	23,89	25,04	25,94			
0,85	21,18	22,14	22,78	23,10		
0,80	18,66	19,45	19,85	19,83	19,31	
0,75	16,34	16,95	17,11	16,73	15,67	13,63
0,70	14,18	14,64	14,53	13,74	11,99	8,46
0,65	12,20	12,50	12,10	10,80	7,95	
0,60	10,37	10,51	9,78	7,75		
0,55	8,70	8,67	7,51	4,06		
0,50	7,18	6,96	5,18			
0,45	5,81	5,36	2,23			
0,40	4,59	3,83				
0,35	3,51	2,24				
0,30	2,58					
0,25	1,79					
0,20	1,15					
0,15	0,65					
0,10	0,29					
0,05	0,09					
0,00	0,00					

„waagerechten" Ebenen als Ellipsen mit waagerechter großer Achse abbilden. Der Fall $p = q = r = 1$ ist die Isometrie, für die $\gamma = 35{,}26°$ und $\delta = 45°$ wird. Der besondere Fall der genormten Dimetrie gilt für $p : q : r = 1 : 1 : 0{,}5$. Bei ihm ergeben sich die bei der Drehung in Abbildung 1 mitgeteilten Zahlenwerte für γ und δ. Der genormte Fall liegt im Nomogramm auf der unteren Randkurve, die nicht zu einer Geraden geworden ist. Sie betrifft alle Fälle der Dimetrie, für die $p = q = 1$ ist. Die obere Randkurve, die auch hier zu einer Geraden wird, enthält alle Fälle der Dimetrie, für die $q = r$ ist. Dazwischen liegen alle möglichen Fälle der Trimetrie. Unter allen Fällen kann der jeweils ge-

Tabelle 1

Wert von β in Winkelgrad

$r =$	$q = 1{,}00$	0,95	0,90	0,85	0,80	0,75
1,00	30,00					
0,95	31,59	28,18				
0,90	33,05	29,35	25,94			
0,85	34,41	30,34	26,59	23,10		
0,80	35,67	31,15	26,97	23,05	19,31	
0,75	36,83	31,75	27,03	22,54	18,14	13,63
0,70	37,91	32,13	26,71	21,44	16,03	9,76
0,65	38,90	32,24	25,91	19,51	12,25	
0,60	39,82	32,02	24,44	16,22		
0,55	40,65	31,38	21,99	9,86		
0,50	41,41	30,13	17,82			
0,45	42,09	28,00	9,06			
0,40	42,71	24,36				
0,35	43,24	17,54				
0,30	43,71					
0,25	44,10					
0,20	44,43					
0,15	44,68					
0,10	44,86					
0,05	44,94					
0,00	45,00					

eignete ausgesucht werden, der wesentliche Teile des Bildes nicht zufällig zusammenfallen läßt. Im Streben nach möglichst guter Schaubarkeit wird man die Fälle bevorzugen, bei denen γ möglichst klein wird. Der mit Rücksicht auf gute Schaubarkeit als Beispiel besonders hervorgehobene Fall $p : q : r = 1 : 0{,}9 : 0{,}5$, der die Breite gegenüber der Höhe etwas verkürzt wiedergibt, entspricht $\gamma = 9{,}83°$ und $\delta = 27{,}97°$. Er kann auch hinsichtlich des Wertes von γ sehr befriedigen. γ ist gegenüber dem genormten Fall auf etwa die Hälfte herabgedrückt, so daß der unbefangene Beschauer, der geneigt ist, $\gamma = 0$ zu setzen, einen weit geringeren Fehler begeht.

Tabelle 2

Wert von γ in Winkelgrad

$r =$	$q = 1{,}00$	0,95	0,90	0,85	0,80	0,75
1,00	35,26					
0,95	33,89	32,39				
0,90	32,47	30,83	29,11			
0,85	31,01	29,21	27,29	25,25		
0,80	29,50	27,51	25,38	23,06	20,51	
0,75	27,94	25,74	23,34	20,68	17,65	14,04
0,70	26,33	23,89	21,17	18,05	14,30	9,21
0,65	24,68	21,95	18,82	15,07	10,02	
0,60	22,99	19,91	16,25	11,47	0,00	
0,55	21,25	17,75	13,34	6,38		
0,50	19,47	15,43	9,83			
0,45	17,65	12,91	4.50			
0,40	15,79	10,02				
0,35	13,90	6,38				
0,30	11,98					
0,25	10,02					
0,20	8,05					
0,15	6,04					
0,10	4,04					
0,05	1,98					
0,00	0,00					

Durch die vorstehenden Ausführungen sind alle möglichen Fälle orthogonaler Axonometrie klargelegt, die zur Abbildung von Kreisen in „waagerechten“ Ebenen als Ellipsen mit waagerechter großer Achse führen. Die Auswahl unter diesen Fällen dürfte, auch wenn der genormte Fall in der Regel angewendet wird, notwendig sein, wenn die Fälle vermieden werden sollen, bei denen im Normfall wesentliche Teile des Gegenstandes zufällig zusammenfallen.

Bei allem Verständnis für die Normung auch der Projektionsarten sind doch Abweichungen nicht zu umgehen. Bei einfachen Gegenständen kann die Normung große Vor-

Tabelle 2

Wert von δ in Winkelgrad

$r =$	$q = 1{,}00$	0,95	0,90	0,85	0,80	0,75
1,00	45,00					
0,95	42,20	45,00				
0,90	39,52	42,35	45,00			
0,85	36,94	39,82	42,49	45,00		
0,80	34,45	37,40	40,11	42,64	45,00	
0,75	32,03	35,06	37,83	40,40	42,77	45,00
0,70	29,67	32,82	35,67	38,28	40,69	42,92
0,65	27,36	30,66	33,60	36,27	38,72	
0,60	25,10	28,58	31,63	34,38	36,87	
0,55	22,88	26,57	29,75	32,58		
0,50	20,71	24,64	27,97			
0,45	18,55	22,79	26,29			
0,40	16,43	21,03				
0,35	14,33	19,37				
0,30	12,25					
0,25	10,17					
0,20	8,12					
0,15	6,07					
0,10	4,05					
0,05	2,00					
0,00	0,00					

teile bringen. Aber bei schwierigeren Gegenständen dürften die Normen oft nicht ausreichen. Die Abbildung 1 kann hierfür ein Beispiel sein, das zweifellos sehr aufschlußreich ist. Mit einer Darstellung in Grundriß, Aufriß und Seitenriß ist der Schaubarkeit entschieden zu wenig gedient. Orthogonale Axonometrie kann für Abbildung 1 nicht in Frage kommen, denn dann muß der Kugelumriß mit dem senkrechten Großkreis der Kugel durch A und C zusammenfallen. Die gute Schaubarkeit nach Höhe, Breite und Tiefe würde dabei entschieden zu kurz kommen. Also mußte statt der orthogonalen Axonometrie schiefe Axonometrie verwendet werden. Es mußte so das Schrägbild zu Hilfe genommen werden, obwohl dabei der Kugelumriß als Ellipse erscheint und die Kugelkreise in „waagerechten“ und waagerechten Ebenen als Ellipsen mit nichtwaagerechter großer Achse sich abbilden. Der „waagerechte“, also nur anscheinend waagerechte Großkreis der Kugel zeigt sich als erheblich verschieden von dem tatsächlich waagerechten Großkreis der Kugel. Das genormte Schrägbild des Dinblattes 5 vom April 1929 konnte gleichfalls nicht verwendet werden, weil der Winkel $\beta = 41{,}41^\circ$ von dem Winkel $\varphi = 45^\circ$, unter dem die Tiefen gegen die Waagerechte im Bilde geneigt sind, zu wenig verschieden ist. Die Strecken $C\mathfrak{B}$ und OB würden dabei fast zusammenfallen, was die Schaubarkeit außerordentlich erschweren würde. Oft kann für eine schwierigere Konstruktion die für gute Schaubarkeit erforderliche Projektionsrichtung erst gewählt werden, nachdem die Konstruktion vollkommen durchgeführt ist. Bei Herstellung der Abbildung 1 war zunächst $\varphi = \operatorname{arc\,tg} \frac{1}{2}$ gewählt worden. Dabei ergab sich, daß $O\mathfrak{A}$ und OA' fast vollkommen zusammenfielen. Es mußte daher mit $\varphi = \operatorname{arc\,tg} \frac{3}{8}$ die Konstruktion nochmals durchgeführt werden. Erst diese Konstruktion lieferte befriedigende Schaubarkeit.

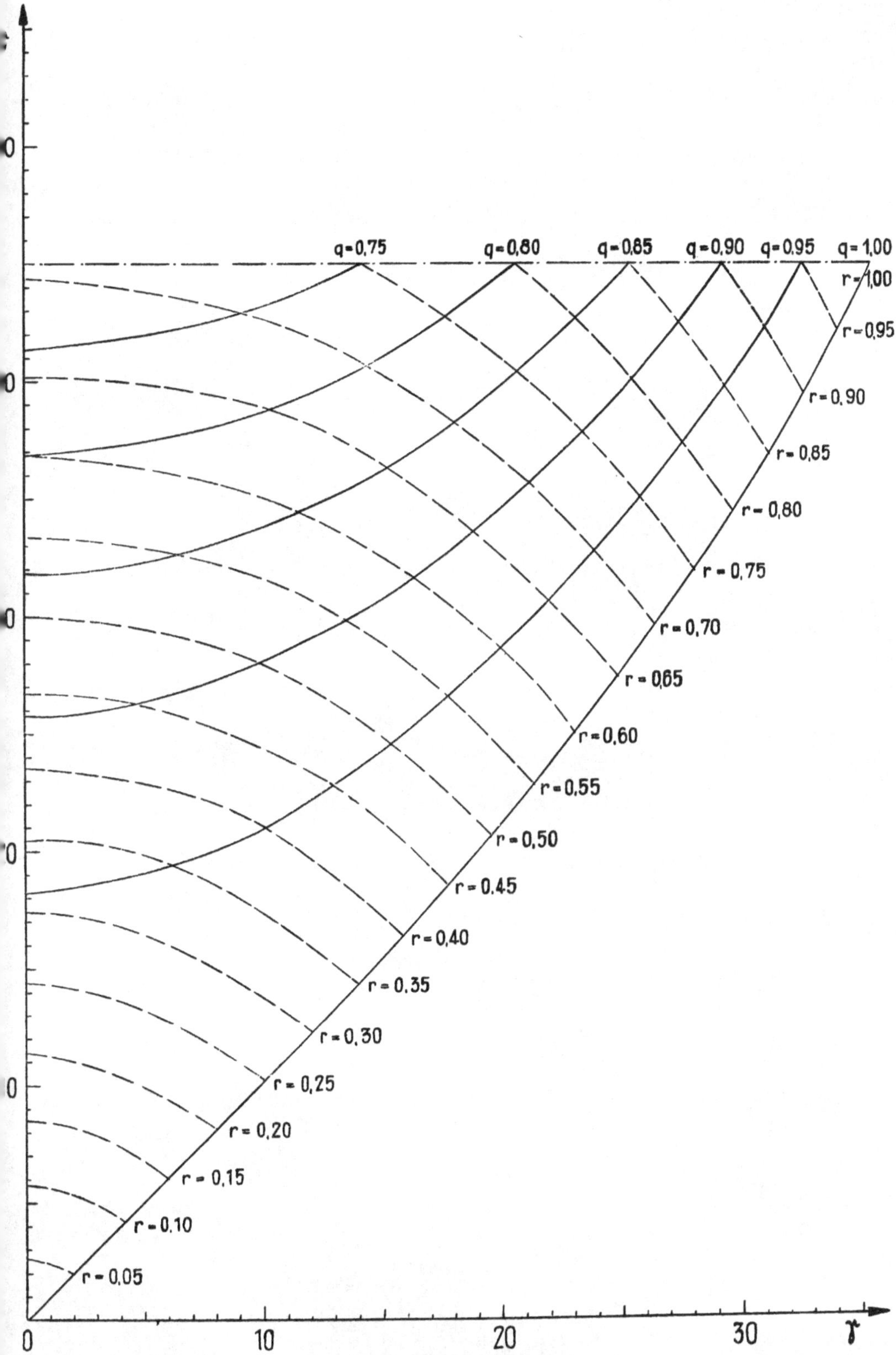

Nomogramm 2 zur Bestimmung von γ und δ

MIX
Papier | Fördert
gute Waldnutzung
FSC® C083411

Zeitfracht Medien GmbH
Ferdinand-Jühlke-Straße 7
99095 Erfurt, Deutschland
produktsicherheit@kolibri360.de